AF456516

# STATISTIQUE DE LA MATERNITÉ DE PARIS

## DU 1er JANVIER 1895 AU 28 FÉVRIER 1898

Par P. Budin.



Nous publions aujourd'hui la statistique de la Maternité de Paris, du 1er janvier 1895 au 28 février 1898, c'est-à-dire la statistique des trois années 1895, 1896, 1897 et des deux premiers mois de l'année 1898.

Le 1er mars 1898, nous avons dû quitter cet hôpital pour prendre la direction de la Clinique d'accouchement de la Faculté, située rue d'Assas, 89, et qui porte maintenant le nom de Clinique d'accouchement Tarnier.

La première année de notre séjour à la Maternité, nous avons eu comme accoucheur adjoint M. le Dr Auvard; le Dr Boissard lui a succédé et a rempli à la fois les fonctions d'accoucheur adjoint et d'assistant : nos deux collègues nous ont apporté un concours dévoué dont nous leur sommes reconnaissant.

Les statistiques qui suivent ont été préparées avec soin par Mlle C. Hénault, qui entra à la Maternité comme sage-femme en chef, le 1er juillet 1895.

Nous avons personnellement fourni les chiffres relatifs aux six premiers mois de l'année 1895, et c'est surtout à partir de janvier 1896 qu'il a été possible de relever minutieusement toutes les observations des femmes et des enfants. Nous nous sommes borné à l'énumération des différentes particularités en y ajoutant des chiffres qui montrent leur fréquence; mais nous possédons le numéro de chaque observation intéressante et ce qu'elle a présenté de particulier.

Pour les décès seulement, nous avons cru devoir donner quelques détails.

On verra par les documents qui suivent combien est considérable la fréquence des cas de dystocie et des cas de pathologie soignés à la Maternité de Paris.

Cela tient à plusieurs causes.

Il existe à la Maternité trois consultations par semaine, faites le matin par l'accoucheur adjoint, et tous les jours, une réception faite, dans l'après-midi, par la sage-femme en chef. Beaucoup de femmes se présentent à ces consultations et on admet à l'hôpital toutes celles qui offrent quelque chose d'anormal.

Un grand nombre de parturientes viennent demander à accoucher à la Maternité ; quand il n'y a plus de place dans l'hôpital, on les envoie soit chez des sages-femmes externes appelées sages-femmes agréées, soit dans d'autres services d'accouchements. Tous les cas difficiles sont conservés à la Maternité. On n'adresse chez les sages-femmes agréées et dans les autres hôpitaux que les cas simples. Il est très rare que des cas non normaux soient, faute de place, envoyés dans d'autres services; une note écrite par la sage-femme de garde doit toujours être remise par la personne qui accompagne la malade.

Il existe à la Maternité, dirigé par notre collègue et ami le Dr Charrin, un service de médecine, dans lequel sont reçues les femmes enceintes malades ; ces femmes peu ou très gravement atteintes étaient transportées dans notre service pour leur accouchement, ce qui augmentait encore le nombre des faits pathologiques [1].

L'ordre a toujours été formellement donné à la Maternité de recevoir, *sans faire d'exception*, tous les cas graves qui se présentaient et de n'en refuser absolument aucun, quel que pût être l'encombrement du service : nous avons recueilli ainsi un certain nombre de femmes dont la situation était désespérée et qui n'avaient point trouvé place dans d'autres hôpitaux. Un nouveau règlement administratif datant de 1897 a, dans l'intérêt des malades, imposé depuis la même obligation à tous les services d'accouchements.

Enfin, grâce à la facilité des moyens de communication, beaucoup de faits de dystocie sont apportés à Paris, des environs de la capitale et du département de Seine-et-Oise. En effet, un cas difficile se présente-t-il quelque part, on demande par le téléphone une voiture des ambulances municipales : celle-ci se rend au domicile de la parturiente qu'elle apporte à Paris. Un grand nombre de ces femmes arrivent à la Maternité.

Ces différentes conditions expliquent la fréquence des faits de dystocie et des cas d'infection apportés dans cet hôpital.

Si, dans ces conditions, la mortalité totale est représentée, à la

[1] Dans le service de médecine sont aussi reçues des femmes délivrées au dehors et infectées. Ces derniers faits ne relèvent pas du service d'accouchements de la Maternité.

fin de l'année, par un certain chiffre, il importe de séparer la mortalité par infection de celle due à d'autres causes ; et dans la mortalité par infection, il faut encore distinguer les malades apportées en état d'infection et celles qui l'ont contractée dans le service.

Enfin, on le verra, il nous est arrivé de recevoir des femmes qui sont mortes sans accoucher : quelquefois même nous avons accueilli, afin d'en faire l'autopsie, des femmes qui avaient succombé avant d'entrer, pendant qu'on les transportait à la Maternité.

A côté de la mortalité, nous avons relevé la morbidité. Toute femme ayant eu plus de 38°, n'eût-elle eu que 38°,1 (sauf dans les heures qui suivent l'accouchement) est considérée comme ayant été malade. C'est de cette façon que les chiffres de morbidité ont été établis.

Nous avons distingué aussi les cas dans lesquels la morbidité était la conséquence de l'infection puerpérale et ceux où elle était due à une autre cause : bronchite, tuberculose, grippe, stercorémie, etc., etc.

Enfin nous avons donné la statistique relative aux enfants, leur mortalité et leur morbidité.

La Maternité de Paris est réservée pour l'instruction des élèves sages-femmes, mais elle offrirait, en ce qui concerne la dystocie, un matériel d'enseignement très abondant et très précieux pour les étudiants. Nous nous sommes efforcé de l'utiliser en partie en faisant, deux années de suite, pendant le semestre d'été, un enseignement clinique qui a été très suivi par les médecins. Le *service des enfants débiles* et la *consultation des nourrissons*, qui sont considérés comme distincts de l'ancien service de la Maternité, nous fournissaient aussi des éléments très importants pour nos leçons. Nous n'aurons pas à en parler ici.

**Année 1895**

*Nombre des accouchements et des avortements* : 2.236.

| | |
|---|---|
| Simples | 2.115 |
| Gémellaires | 27 |
| Avortements | 87 |
| *Total des enfants* (2.115 + 54) = | 2.169 |

*Présentations :*

| | |
|---|---|
| Sommet | 1.980 |
| Face | 24 |
| Siège (complet, 86 ; décomplété, 40) | 126 |
| Epaule (y compris les accouchements gémellaires) | 39 |

*Dystocie maternelle :*

Bassins rétrécis : 81.

| | |
|---|---|
| De 10,5 et plus de promonto-sous-pubien... | 41 |
| De 9 à 10,5.......... | 35 |
| De 9 c. et au-dessous.......... | 5 |
| Hémorrhagie.......... | 18 |
| Eclampsie.......... | 15 |

*Dystocie de la délivrance :* 31.

| | |
|---|---|
| Inertie utérine.......... | 14 |
| Rétention du placenta (1 cas venu du dehors) par rétraction ou tétanisation de l'anneau de contraction.......... | 3 |
| Infection de l'œuf.......... | 4 |
| Hémorrhagie après accouchement.......... | 3 |
| Albuminurie. Eclampsie.......... | 2 |
| Adhérences et fibromes.......... | 1 |
| Insertion vicieuse.......... | 1 |
| Rétention du placenta dans l'avortement..... | 3 |

*Dystocie fœtale :* Elle n'a été, en 1895, relevée que d'une façon incomplète.

*Opérations :* 180.

| | |
|---|---|
| Forceps.......... | 79 |
| Versions.......... | 48 |
| Embryotomies, Basiotripsies.......... | 14 |
| Symphyséotomies.......... | 3 |
| Délivrances artificielles.......... | 30 |
| Périnéorrhaphies.......... | 6 |
| Accouchements provoqués.......... | 7 |

*Morbidité et mortalité pour les mères* : La morbidité pour le premier semestre, c'est-à-dire dans les mois qui ont suivi notre entrée à la Maternité, sera indiquée pour chaque mois; nous énumérerons ensuite les cas de mort pendant les six premiers mois de l'année 1895.

Puis nous rapporterons la morbidité et la mortalité pendant les six derniers mois de l'année 1895.

Nous donnerons enfin le total et le résumé pour toute l'année.

MORBIDITÉ DU PREMIER SEMESTRE 1895

| | | | | | | |
|---|---|---|---|---|---|---|
| Janvier. | Nombre des accouch. : | 205. — | Morbidité totale : | | 43 = 21 | % |
| Février. | — | — 198. | — | — | 36 = 18,1 | |
| Mars. | — | — 258. | — | — | 44 = 16,2 | |
| Avril. | — | — 228. | — | — | 30 = 10,9 | |
| Mai. | — | — 175. | — | — | 28 = 16 | |
| Juin. | — | — 98. | — | — | 10 = 10,2 | |

Mortalité totale.......... 23 = 2.23 %

» par infection.......... 4 = 0.38 %

1 contractée en dehors.

3 » dans le service.

CAUSES DES DÉCÈS PENDANT LE PREMIER SEMESTRE :

*N° de l'accouchement.*

— Gœsl... Apportée le 2 janvier à 1 heure du matin, avec des attaques d'*éclampsie*, dans un état extrêmement grave. Elle n'avait pas été acceptée dans un autre service. Elle succombe quelques heures plus tard. *Non accouchée.*

27. — Lim... femme P... Accouche au dehors; rétention du placenta. Amenée à la Maternité avec des accidents de septicémie. Nettoyage de la cavité utérine. Les accidents d'infection disparaissent. Des symptômes d'*urémie* surviennent et la femme meurt. — A l'autopsie faite par M. Charrin : *Néphrite* chronique ancienne et lésions *du côté du cœur*. Il ne persiste aucune altération du côté des organes génitaux.

109. — L... femme B... Multipare. Cypho-scoliose dorsale. Accouchement spontané. Cardiopathie. Elle est transportée plus tard dans le service de médecine où elle se trouvait avant l'accouchement et succombe à ses *lésions cardiaques* le 2 février.

237. — L... femme M... Accouchement spontané à 8 mois. Rétention d'un cotylédon; *infection*. Succombe le 23 février.

268. — Cons... femme Br... Multipare. Version par manœuvres internes pour présentation de l'épaule, le 8 février. Extraction de l'enfant mort, du poids de 2.800 grammes. *Rupture utérine.* Morte le 13 février.

8 février). — M... femme P. Accouchée le 8 février. Passée en médecine pour *tuberculose*, y meurt le 30 mars.

338. — Bassin très rétréci et faux promontoire lombaire. Bruits du cœur fœtal devenus sourds, liquide amniotique verdâtre. Essai, sans espoir de succès, d'une application de forceps. Quand on introduit la première cuiller, des gaz s'échappent de la cavité utérine. Une seule traction est pratiquée sur la tête mobile au détroit supérieur. Version impossible. L'enfant a succombé, embryotomie. Comme il n'y avait pas alors de service d'isolement à la Maternité, cette femme fut placée dans une chambre du personnel où se trouvait auparavant une malade atteinte de pneumonie. La désinfection recommandée n'avait pas été faite, l'opérée contracta une pneumonie à pneumocoques et mourut. A l'autopsie il n'existait aucune lésion du côté des organes génitaux.

351. — Rich... Entrée le 15 février, accouche spontanément le 21, à 8 mois. Succombe le 21 mars. *Infection.*

— Hort... *Eclampsie*, meurt le 17 février. *Non accouchée.*

372. — Ro... femme C. *Grippe infectieuse.* Pneumonie. Passée en médecine, meurt le 5 mars.

477. — Paill... *Tuberculose pulmonaire.* Transportée à l'infirmerie, succombe le 10 mars.

570. — Land... Entre le 20 mars, atteinte d'*éclampsie puerpérale.* Accouchement spontané à 6 mois. Meurt le jour même.

625. — Dufr... femme G... Multipare. Constipation opiniâtre. Entre en travail le 27 mars; dyspnée intense, ballonnement du ventre, vomissements verdâtres. L'accouchement a lieu spontanément. Mort la nuit suivante.

Autopsie : *Hernie étranglée* dans un orifice du diaphragme.

638. — Auvr... Accouchée le 29 mars spontanément, au terme de 8 mois et demi, d'un enfant vivant de 2.900 grammes. Passée en médecine pour *tuberculose pulmonaire*, y succombe le 18 avril.

666. — Lac... Entrée à la Maternité le 12 mars. *Anémie pernicieuse;* état très grave. Accouche spontanément à terme, d'un enfant macéré, le 1er avril. Elle succombe le 2.

698. — J... femme Pré... Accouchée spontanément le 6 avril, au terme de 8 mois, d'un enfant vivant. Passée en médecine pour *tuberculose pulmonaire*, y succombe le 25 juin.

Drouil... Arrivée le 15 avril, succombe le jour même à des attaques d'*éclampsie*. *Non accouchée.*

764. — Wilh... Arrivée le 15 avril avec des prodromes d'*éclampsie*. Accouchement spontané. Aussitôt après, accès éclamptiques. Meurt le lendemain.

815. — Ramp... Arrivée accouchée, non délivrée. Passée en médecine pour *tuberculose pulmonaire*, y succombe le 4 mai.

937. — Dup... femme Gr... Arrivée à la Maternité le 19 avril, succombe le 4 mai. *Septicémie*.

946. — C... femme Rou... Accouche spontanément à 7 mois. Passée en médecine pour *tuberculose pulmonaire*, y succombe.

(18 juin). — Duf... Arrive à la Maternité le 18 juin, ayant eu une *hémorrhagie interne* avant l'accouchement. État très grave à son entrée. Succombe bientôt exsangue aussitôt après la délivrance, malgré tout ce qui est tenté pour la sauver.

1019. — Der... Accouchée spontanément à terme d'un enfant vivant de 2.300 grammes. Passée en médecine pour *tuberculose pulmonaire*, y succombe le 22 juin.

1276. — B... femme Bar... Arrivée à la Maternité le 22 mai, succombe le 21 juin de *pneumonie suppurée*.

En résumé, dans les six premiers mois de 1895, 23 femmes ont succombé sur lesquelles 3 sans être accouchées.

5 sont mortes d'éclampsie.
1 — de cardiopathie.
1 — de rupture utérine.
1 — de hernie étranglée.
1 — d'anémie pernicieuse.
7 — de tuberculose.
1 — d'hémorrhagie interne avant l'accouchement.
1 — de pneumonie suppurée.
1 — urémie.
1 — de grippe infectieuse, pneumonie.
3 — d'infection contractée dans le service.

**Année 1895.** — Deuxième semestre.

*Nombre des accouchements et des avortements:* 1.074.

| | | |
|---|---|---|
| *Morbidité* totale | 138 = | 12,8 % |
| — par infection | 55 = | 5,1 |
| *Mortalité* totale | 10 = | 0,9 |
| — par infection | 5 = | 0,46 |

Causes des décès du deuxième semestre :

Nº 1245. — Lu... Lh. venue de province ayant de la fièvre et infectée. On avait fait des tentatives infructueuses d'application de forceps. Basiotripsie le 28 juillet. Morte d'*infection* le onzième jour.

1383. — Lad... Amenée pour asystolie et œdème généralisé. Nécessité absolue de provoquer l'accouchement (6 mois) le 26 août. Morte 3 jours après d'affection cardiaque.

1480. — Gu... Arrivée en travail d'avortement au terme de 2 mois environ ayant déjà beaucoup perdu. Malgré tous les moyens employés, l'état s'aggrave. Mort quelques heures après, ayant perdu très peu de sang à la Maternité (environ 200 gr.).

1515. — Del... M. Arrivée à la Maternité le 8 juillet. Succombe à l'*infection* le 17.

1796. — Ger... Morte le 31 octobre d'*infection* contractée dans le service.

1797. — Cel... A eu des convulsions épileptiformes à 26 ans, faible d'esprit, céphalalgie intense, anasarque. Amenée à la Maternité le 26 octobre; hypothermie, pouls filiforme. Avortement spontané le 27 octobre. Etat général qui devient de plus en plus mauvais; la dyspnée augmente. La malade succombe dans la nuit qui suit. Albuminurie, urémie.

1847. — Lauv... Hémorrhagie abondante; insertion centrale du placenta. Travail long. Version pelvienne; délivrance artificielle. Rupture utérine. Mort le 11 novembre.

2045. — Cl... A. Accouchement spontané; rétention de membranes; infection consécutive. Mort le dixième jour de septicémie, 19 déc.

2192. — Gr... Amenée ayant eu une hémorrhagie en ville; placenta prævia; infection contractée au dehors. Mort le neuvième jour.

2199. — Bl... Amenée à la Maternité le 27 décembre, avec des convulsions éclamptiques. Succombe 24 heures après.

Donc, pendant le deuxième semestre de 1895, 10 femmes sont mortes.

Sur les 10 décès.

1 est morte d'éclampsie.
1 — de cardiopathie.
1 — d'hémorrhagie.
1 — d'urémie.
1 — de rupture utérine.
5 — d'infection (2 contractées au dehors, 3 dans le service).

En résumé, pour toute l'année 1895, ont voit que :

6 femmes sont mortes d'éclampsie.
2 — de cardiopathie.
2 — de rupture utérine.
7 — de tuberculose.
1 — de pneumonie.
1 — d'hernie étranglée.
1 — d'anémie pernicieuse.
1 — grippe infectieuse.
2 — d'hémorrhagie.
2 — d'urémie.
8 — d'infection.
33

Total des cas d'infection = 8 = 0,35 %.
Infection contractée dans le service 6 = 0,26 %.

ENFANTS

*Nombre d'enfants* 2.169.

Nés à terme ............................... 1.842
Avant terme ............................... 327

*Nés vivants* 1.991.

*Nés morts,* macérés ou morts quelques heures après la naissance 178 = 8,2 %.

Morts avant le travail ou macérés............. 103
— pendant le travail....................... 55
— quelques heures après.................... 20

*Morts pendant le travail :* 55.

Causes de la mortalité pendant le travail, durant les 6 derniers mois de 1895.

22 avant terme.
3 basiotripsies.
1 accouchement provoqué à 6 mois.
1 cyclope.
1 mort pendant extraction du siège.
1 — — faite au dehors, tête retenue.
1 bassin oblique-ovalaire (version).
1 volume excessif des épaules (sommet).
1 présentation de l'épaule.
2 lenteur du travail, ayant succombé au dehors.
3 insertion vicieuse du placenta.
4 procidence du cordon.
2 syphilis.
1 mort pendant extraction par le forceps.

*Morts après la naissance :* 64 = 3,2 %.

Causes des décès.

30 faiblesse congénitale.
9 syphilis.
2 convulsions.
3 ayant été ranimés, morts le lendemain.
3 morts subitement.
2 érysipèles gangréneux.
1 spasme de la glotte.
1 persistance du canal artériel.
1 phlébite de la veine ombilicale.
1 imperforation du rectum.
1 bronchite.
1 rétrécissement du côlon : vomissements, péritonite.
9 cause inconnue.

*Enfants partis en bon état :* 1927 = 97,7 %.

*Vices de conformation :* Nos 1289, cyclope; 1243, exomphale; 2078, arrêt de développement de l'instestin; 1925, rétrécissement du côlon; 1049, imperforation du rectum.

*Ophthalmies* : 31.

| | |
|---|---|
| Janvier | 14 |
| Février | 5 |
| Mars | 4 |
| Avril | 3 |
| Mai | 3 |
| Juin | 2 |
| Total | 31 |

*Janvier*. — 6 de ces enfants soignés dans le service pour ophtalmie, en janvier 1895, étaient nés en décembre 1894 ; l'un d'entre eux eut les deux cornées perforées et sortit aveugle ; deux eurent une ulcération d'une cornée

Les autres enfants guérirent sans complications.

*Février*. — A partir du 1er février, on employa comme traitement préventif de l'ophtalmie purulente la solution de nitrate d'argent à 1 p. 150, dont deux gouttes étaient mises dans les yeux de chaque enfant immédiatement après la naissance.

De ce moment, on n'observa pour ainsi dire plus que des conjonctivites secondaires.

*Morbidité des six derniers mois* : Conjonctivites, 20.

1 hernie ombilicale.
2 élévations de température.
1 Cause non connue.
1 hémorrhagie du cordon ;
1 muguet ;
1 adénite sous-maxillaire suppurée.

---

## Année 1896

*Nombre des accouchements et des avortements* : 2563.

| | |
|---|---|
| Simples | 2.414 |
| Gémellaires | 36 |
| Avortements | 113 |
| *Total des enfants* (2.414 + 72) | 2.486 |

*Présentations* :

| | |
|---|---|
| Sommet | 2.281 |
| Face | 16 |
| Siège (complet, 85 ; fesses, 67 ; pieds, 7) | 159 |
| Epaule | 30 |

*Dystocie maternelle* :

| | |
|---|---|
| Bassins rétrécis, 287 : | |
| De 10,5 et plus de promonto-sous-pubien | 217 |
| De 10,5 à 9 c. | 67 |
| De 9 c. et moins | 3 |
| Col et corps utérins | 16 |
| Hémorrhagie pendant la grossesse et le travail. Placenta prævia | 23 |
| Eclampsie | 15 |

*Dystocie de la délivrance* : 48.

| | |
|---|---|
| Délivrance artificielle pour infection | 3 |
| Pour adhérences du placenta | 5 |
| Pour hémorrhagies | 29 |
| Pour rétraction de l'anneau de Bandl | 4 |
| Délivrance pour avortement | 7 |

*Dystocie fœtale* :

| | |
|---|---|
| Hydrocéphalie | 4 |
| Latérocidences du cordon | 3 |
| Procidences du cordon | 28 |
| Procidences de membres | 9 |

*Opérations* :

| | |
|---|---|
| Forceps | 101 |
| Version | 48 |
| Embryotomie. Basiotripsie | 12 |
| Symphyséotomie | 3 |
| Opération césarienne | 1 |
| Délivrance artificielle | 49 |
| Accouchement prématuré provoqué | 15 |

*Pathologie de la grossesse* :

| | |
|---|---|
| Môle hydatiforme | 1 |
| Cardiopathie | 10 |
| Fibrome | 6 |
| Kyste de l'ovaire | 2 |
| — du vagin | 1 |
| Tuberculose | 2 |
| Paralytique | 1 |
| Albuminurie | 5 |
| Urémie | 1 |
| Périphlébite | 1 |

MORBIDITÉ ET MORTALITÉ.

*Nombre d'accouchements* : 2.563.

| | | |
|---|---|---|
| *Morbidité* totale | 274 = | 10,6 % |
| — par infection | 173 = | 6,7 |
| *Mortalité* totale | 40 = | 1,56 |
| — par infection | 10 = | 0,39 |
| Dont 6 contractées au dehors | | 0,23 |
| — 4 — dans le service | | 0,16 |

CAUSES DES DÉCÈS POUR L'ANNÉE 1896.

*Infection contractée au dehors* :

N° 952. — Lau... Amenée à la Maternité, ayant une rupture prématurée des membranes, élévation de la température, accélération du pouls. Présentation de l'épaule, évolution. Succombe le 13e jour d'infection contractée au dehors.

1263. — Rob... Tentatives infructueuses de forceps en ville. Rupture prématurée des membranes, liquide fétide, physométrie.

Extraction avec le forceps d'un enfant mort. Cette malade succombe le même jour, d'infection suraiguë.

1328. — Fab... Xpare. Placée à l'isolement parce qu'elle présente tous les signes d'une péritonite. Accouchement spontané. L'élévation de température persiste. Mort 2 jours après.

Autopsie : Liquide purulent et fausses membranes dans le péritoine.

1757. — Bil... Amenée exsangue. Dirigée sur la Maternité par le docteur et la sage-femme qui l'assistaient. Accouchement prématuré à 6 mois, frisson, élévation de température. Succombe le sixième jour.

Autopsie : Lésions du côté de la rate et de l'utérus.

1801. — Min... Xpare. Adressée par son médecin à la Maternité, pour rupture prématurée des membranes, élévation de température et lenteur dans la période de dilatation. Forceps, extraction d'un fœtus macéré. Délivrance artificielle. Hypothermie momentanée. Elévation de température. Succombe très rapidement.

Autopsie : Péritonite purulente. Abcès du foie.

1963. — Pic... Xpare. Membranes rompues depuis 8 jours. Température à son admission : 40°. Accouchement spontané 7 heures après son entrée ; fœtus putréfié. Poids : 2.400 gr. Liquide extrêmement fétide. Délivrance naturelle. Le lendemain, état syncopal.

*Infection contractée dans le service :*

N° 233. — Mah... Primipare. Présente à son entrée un état général mauvais. Rupture des membranes à la dilatation complète. Accouchement prématuré spontané à 7 mois. Enfant mort; poids de 1.500 gr. Le lendemain, élévation de température. Succombe le 8e jour. Péritonite généralisée. Organes génitaux sains. Adhérences pleurales anciennes.

1953. — Pic... Primipare. Accouchement spontané normal à 9 heures du matin. Hémorrhagie abondante nécessitant une délivrance artificielle. Succombe le 3e jour. Infection.

2166. — X... Xpare. Rupture prématurée spontanée des membranes 4 jours avant l'accouchement. Accouchement spontané en présentation du siège; enfant mort au début du travail (3.150 gr.). Liquide fétide ; délivrance naturelle : Placenta large, étalé, envahissant presque toute la totalité des membranes. Hémorrhagie consécutive, tamponnement utérin. Frisson pathologique une heure après ; élévation de température le 2e et le 4e jour. Nouvelles hémorrhagies ne cédant qu'au tamponnement. Succombe le 4e jour absolument exsangue. Cette malade avait subi un curettage peu avant sa grossesse pour une métrite hémorrhagique. Considérée comme infectée à cause des frissons qu'elle a présenté.

2157. — Bros... A subi deux opérations césariennes antérieures. Suppuration de la plaie abdominale pendant tout le cours de la grossesse. Troisième opération césarienne le 5 octobre, faite par M. Guéniot. Extraction d'un enfant né en état de mort apparente; ranimé. Délivrance artificielle immédiate. Succombe le 5e jour.

Autopsie : Liquide purulent dans le petit bassin. Intestins recouverts de fausses membranes.

*Éclampsie. — Albuminurie. Urémie :*

N° 580. — Tho... Admise pendant sa grossesse pour rétinite albuminurique. Accouchement prématuré spontané à 6 mois. Eclampsie pendant le travail. Succombe le lendemain.

Autopsie : Œdème intra-ventriculaire. Hémorrhagies du foie. Lésions épithéliales dégénératives des reins.

874. — Heb... Primipare, admise pour œdème généralisé, pâleur très accentuée, dyspnée. On provoque l'accouchement le lendemain, en raison de l'état grave de la malade. Extraction d'un enfant vivant à l'aide d'une application de forceps. Délivrance naturelle. Pendant les suites de couches, l'œdème et l'albuminurie diminuent; la température, élevée à son entrée, persiste. Succombe le 9e jour.

Autopsie : Albuminurie, aglobulie. Numération des globules : 850.000.

7 juin. — Verg... Entre à la Maternité le 7 juin; coma éclamptique. Grossesse de six mois et demie environ. Malgré les divers moyens employés, les accès se rapprochent, la température s'élève. Meurt le soir de son entrée, *non accouchée*.

Autopsie : Lésions rénales très accentuées.

1491. — Bret... Accouche spontanément à terme, d'un enfant vivant, le 28 août. Albuminurie intense, sueurs froides abondantes pendant le travail et les heures qui suivent l'accouchement. Succombe le lendemain.

Autopsie : Altérations très accentuées des reins; aucune autre lésion.

1693. — Sail... Admise à la Maternité parce qu'elle est dans le coma éclamptique. Température 39°, 5. Pouls 140. Anurie presque complète. Coma interrompu de temps en temps par des accès. Accouchement spontané le lendemain de son entrée. Fœtus mort du terme de 7 mois. Succombe le 4e jour.

Autopsie : Dépôts gélatineux purulents dans la grande scissure inter-hémisphérique. Méningite.

1973. — Des... A eu 4 accès d'éclampsie au dehors. Accouchement spontané en présentation du siège d'un enfant de 3.050 gr. ayant succombé pendant le travail. Délivrance naturelle. Anurie consécutive à l'accouchement. Succombe le 3e jour.

2286. — X... Primipare. Etat bizarre; infiltrée et très albuminurique. Accouchée et délivrée à son entrée. Hypothermie : 35°,6, qui fait rapidement place à de l'hyperthermie (39°,8 et 40°). Succombe le 5e jour.

Autopsie : Emphysème généralisé. Foie augmenté de volume. Reins en état de dégénérescence kystique : l'un d'eux a le volume d'une orange.

2414. — Mor... Accouchement spontané. Délivrance naturelle chez une sage-femme agréée de la Maternité. Est amenée le lendemain ayant eu déjà 6 accès d'éclampsie. Elle est dans le coma et ne sort de cet état que pour avoir d'autres accès. Elle est passée le 8e jour dans le service de médecine où elle succombe 5 jours après.

Autopsie : Foyers hémorrhagiques des poumons.

2281. — Roub... Xpare à 7 mois et demi de grossesse. Etat tellement grave que deux médecins appelés successivement refusent de lui donner des soins. Cachexie. Vomissements incoercibles. Accouchement provoqué le lendemain 21 novembre. Dilatation manuelle. Forceps ; extraction d'un enfant macéré. Délivrance naturelle. Succombe le 4e jour.

Autopsie : Cavernes et granulations disséminées dans les deux poumons. Reins : pâleur très marquée, très gras, décortication aisée.

*Rupture utérine :*

— Dev... En travail depuis plusieurs jours ; présente une hémorrhagie abondante à son entrée ; on constate qu'elle a succombé, qu'il y a rupture de l'utérus et que le fœtus est passé en entier dans la cavité abdominale. *Non accouchée.*

640. — Hus... En travail depuis 2 jours, Le médecin appelé par la sage-femme ne voulant pas se charger de l'accouchement, ordonne le transfert à la Maternité. Utérus tétanisé. Syncope pendant le trajet. Dilatation complète à son entrée ; présentation de l'épaule ; enfant mort pendant le travail. Au moment de l'introduction de la main pour la version, on constate qu'il existe une rupture utérine au niveau du ligament large droit (6 avril). Succombe le même jour.

1672. — Lem... Xpare. Travail rapide. Accouchement spontané, normal au point de vue de la présentation. Délivrance naturelle. Déchirure du col intéressant le segment inférieur. Succombe 2 heures après à ce traumatisme.

*Hémorrhagies :*

6 janvier. — Méd... Admise à la Maternité pour albuminurie légère qui disparaît par le régime lacté. Le 6 janvier, vers 11 heures du soir, on prévient la sage-femme en chef que la malade quitte son lit et présente des mouvements convulsifs. Arrivée près d'elle, elle constate qu'elle est morte. Accouchement forcé. Extraction d'un enfant difficilement ranimé qui succombe le 5e jour en présentant des convulsions.

Autopsie : Hémorrhagie méningée ayant amené la compression du bulbe par des caillots.

1532. — Kurg... Hémorrhagie au dehors ; arrive absolument exsangue. Extraction par la version d'un enfant du poids de 2.110 gr. Délivrance naturelle ; succombe le jour même malgré tous les moyens employés. Insertion vicieuse du placenta.

2025. — Gac... Accouchement spontané au dehors. En présence d'une hémorrhagie abondante avec adhérences anormales du placenta, le médecin ordonne son transfert à la Maternité. L'hémorrhagie persiste jusqu'à son arrivée On termin e la délivrance. La malade succombe immédiatement après.

*Non accouchée.* — Poit... Xpare. Hémorrhagies abondantes dans les 19 jours qui ont précédé son entrée. En présence d'une hémorrhagie qui ne cède pas aux injections chaudes, la sage-femme l'amène à la Maternité. Elle est exsangue, a perdu beaucoup de sang en route. Succombe le jour même. Insertion vicieuse du placenta.

*Affections cardiaques :*

N° 257. — Roug... admise pour asystolie et œdème généralisé. L'état s'aggravant, on rompt les membranes le 5 février ; le 6, expulsion d'un fœtus du terme de 6 mois, 1.300 grammes. Passage en médecine le 6e jour. Succombe le 9e. Autopsie : Double lésion mitrale.

392. — Lib... Vient du service de médecine où elle est soignée pour une double lésion mitrale. Forceps le 23 février, pour asystolie. Délivrance artificielle pour hémorrhagie. Succombe le 24 février.

930. — Aug... Amenée du service de l'Hôtel-Dieu à la Maternité. Accouche rapidement et spontanément d'un enfant vivant, du poids de 2.240 grammes, le lendemain de son entrée. Syncope mortelle consécutive à l'accouchement. Rétrécissement mitral. Congestion du poumon. Néphrite.

1327. — Fab... Xpare (8 juillet). Forceps à la dilatation complète. Enfant vivant de 1.840 grammes. Suites de couches : du 5e au 8e jour, dyspnée ; 8e jour hémoptysie. Passée en médecine le 16e jour ; elle succombe le 22. Insuffisance mitrale.

*Tuberculose pulmonaire :*

N° 433. — Rog... Accouchement spontané le jour de son entrée. Enfant vivant 3.450 grammes. Suites de couches : température oscille entre 37° le matin et 39° le soir. Passe en médecine le 15e jour. Succombe 2 mois après son accouchement de tuberculose pulmonaire.

948. — Red... Primipare. Grossesse compliquée d'une bartholinite. Accouchement spontané ; enfant vivant de 2.300 grammes. Suites de couches : température oscille entre 38° et 39°. Passe en médecine le 8e jour. Succombe le 10e. Tuberculose pulmonaire à la dernière période.

1009. — X... Vient de médecine. Rupture prématurée des membranes pour faire cesser la gêne respiratoire. Forceps à la dilatation complète. Extraction d'un enfant de 2.830 grammes. Délivrance naturelle compliquée d'hémorrhagie. Mort le 8e jour. Phtisie laryngée.

2087. — Seg... Albuminurique. Amaigrissement considérable. Forceps à la dilatation complète. Extraction d'un enfant vivant. Mort le 8e jour. Tuberculose et altération des reins.

2188. — Mont... Cachexie très avancée. Vient de médecine. Accouchement spontané d'un enfant vivant. Suites de couches : température oscillant entre 38° et 41°. Passage en médecine le 11e jour. Mort le 25. Tuberculose pulmonaire.

2446. — And... Venue de médecine où elle a séjourné 5 jours. Avortement en 2 temps, suivi de suite d'une agitation extrême, d'accès de suffocation. Repassée en médecine le 3e jour : succombe le 5e. Tuberculose laryngée.

393. — X... Accouchement spontané d'un enfant vivant, terme de 8 mois. Suites de couches : température oscille entre 38° et 39°. Passée en médecine le 6e jour. Succombe un mois après. Tuberculose pulmonaire.

*Affections diverses :*

N° 967. — X... Amenée de Michelet en travail, avec élévation de température ; on porte le diagnostic de pleurésie. Accouchement spontané ; enfant mort pendant le travail. Suites de couches : température oscillant entre 38° et 39°. Succombe brusquement le 6e jour en s'asseyant sur son lit. Pleurésie et broncho-pneumonie purulentes.

*Non accouchée.* — Vid... Amenée dans le coma avec de la contracture et des mouvements convulsifs ; vomissements ; transpiration abondante. Succombe le lendemain sans intervention, l'enfant avait déjà succombé. Non accouchée. Autopsie : Plaques de méningite purulente surtout à la base et dans la scissure de Sylvius.

2077. — Mav... Séjour prolongé à Saint-Antoine, puis dans le service de médecine à la Maternité, pour stomatite. État général mauvais. Accouchement spontané à 8 mois. Enfant vivant de 2.320 grammes. Suites de couches : stomatite persistant ; la température oscille aux environs de 38°. Succombe un mois après, sans présenter de traces d'infection.

Autopsie : Stomatite et affection hépatique.

En résumé, pendant l'année 1896, il y a eu 40 décès. Mortalité totale : 1,56 %.

9 femmes sont mortes d'éclampsie.
3 — — de rupture utérine.
4 — — d'hémorrhagie.
4 — — de cardiopathie.
7 — — de tuberculose.
1 — — de pleurésie et broncho-pneumonie purulente.
1 — — de méningite purulente.
1 — — de stomatite et affection hépatique.
10 — — d'infection.

Infection contractée au dehors, 6 = 0,234 %
— — dans le service, 4 = 0,16 %

ENFANTS

*Nombre d'enfants :* 2.486.

| | |
|---|---|
| Nés vivants | 1.907 |
| Nés avant terme (dont 58 jumeaux) | 403 |
| Nés morts ou morts quelques heures après la naissance ou macérés (79 morts pendant le travail, 97 macérés) | 176 |

*Morts pendant le travail :* 79 = 3,17 %.

Causes de la mortalité pendant le travail :

8 procidence du cordon.
2 éclampsie.
1 version : difficultés d'extraction.
2 présentation de la face. Accouchement long.
4 syphilis.
1 hémorrhagie cérébrale.
11 morts avant l'entrée.
30 cause inconnue.
20 faiblesse congénitale; n'ont fait que quelques inspirations.

*Morts après la naissance :* 88 = 3,8 %.

Causes de la mortalité :

25 faiblesse congénitale de 1.000 à 1.500 grammes.
24 — — de 1.500 à 2.000 —
7 — — de 2.000 à 2.400 —
7 syphilis.
3 convulsions. Souffrances pendant le travail.
2 siège, dont 1 stomatite.
3 cyanoses.
1 hémoptysie.
1 hémorrhagie par déchirure du frein de la langue (siège, difficultés de l'extraction).
2 érysipèle.
1 athrepsie.
1 bronchite.
2 bec-de-lièvre double.
3 spina bifida.
1 bride péritonéale de l'intestin grêle.
5 cause inconnue.

*Ophthalmies :*

26 conjonctivites limitées à un seul œil.
4 — des deux yeux.

*Morbidité :*

4 enfants syphilitiques.
8 muguet.
2 hydrocéphalie secondaire.

---

**Année 1897**

*Nombre des accouchements et avortements :* 2.578.

| | |
|---|---|
| Simples | 2.412 |
| Gémellaires | 29 |
| Avortements | 137 |
| Total des enfants (2.412 + 58) | 2.470 |

*Présentations :*

| | |
|---|---|
| Sommet | 2.279 |
| Face | 19 |
| Siège (complet, 85; décomplété, 60) | 145 |
| Epaule | 27 |

*Dystocie maternelle :*

Bassins rétrécis : 231.

| | |
|---|---|
| 10 1/2 et au-dessus du promonto sous-pubien. | 139 |
| 10 1/2 à 9 | 89 |
| Au-dessous de 9 | 3 |
| Hémorrhagie (dont 11 par placenta prævia) | 15 |
| Éclampsie | 22 |

*Dystocie de la délivrance :* 46.

| | |
|---|---|
| Adhérences du placenta | 3 |
| Rétention par rétraction de l'anneau de Bandl. | 3 |
| Hémorrhagies | 19 |
| Délivrance artificielle. Infection | 8 |
| Atrésie du vagin | 1 |
| Opérations antérieures | 3 |
| Hémorrhagie. Avortement | 3 |
| Utérus, col, corps | 3 |
| Thrombus | 3 |

*Dystocie fœtale :*

| | |
|---|---|
| Hydrocéphalie | 2 |
| Procidence du cordon | 29 |
| Latérocidence | 5 |
| Hydramnios | 34 |

*Opérations :*

| | |
|---|---|
| Forceps | 71 |
| Version | 41 |
| Embryotomie, basiotripsie | 5 |
| Symphyséotomie | 2 |
| Opération césarienne | 1 |
| Accouchement provoqué | 15 |
| Délivance artificielle | 43 |
| Tamponnements | 17 |

*Pathologie de la grossesse :*

| | |
|---|---|
| Grossesse extra-utérine | 2 |
| Vomissements | 1 |
| Albuminurie (avec ictère) | 1 |

## MORBIDITÉ ET MORTALITÉ

*Nombre des accouchements et des avortements* : 2.578.

| | | |
|---|---|---|
| *Morbidité* totale | 262 = | 10 % |
| — par infection | 98 = | 3,8 |
| *Mortalité* totale | 37 = | 1,4 |
| — par infection | 7 = | 0,27 |
| Dont 5 contractée au dehors | = | 0,19 % |
| — 2 — dans le service. | = | 0,07 % |

CAUSES DE DÉCÈS :

N° 52. — Fer... Xpare, entrée le 1er janvier, pour troubles gastriques

et suffocation. Accouche le 6, présentation de l'épaule; version par manœuvres externes. Dans les jours qui suivent, faiblesse, tiraillements d'estomac. Dans la nuit du 10 au 11 janvier, hématémèse; le 12, nouvelle hématémèse, melæna, frissons, faiblesse, vomissements de sang; mort le 15.

Autopsie : Ulcération de l'estomac siégeant au niveau de la grande courbure. Tuberculose du sommet gauche.

— Lach... a eu plusieurs accès d'éclampsie chez elle. Nombreux accès à la Maternité. Grossesse de 7 mois 1/2 à 8 mois. Succombe le jour même dans le coma, *non accouchée.*

Autopsie : Légère congestion aux bases et aux bords postérieurs des poumons. Taches ecchymotiques du foie. Dégénérescence des épithéliums rénaux.

217. — Bon... Amenée à la Maternité, après avoir eu de nombreux accès d'éclampsie, arrive dans le coma. Nouveaux accès. Expulsion de l'œuf au bout de 24 heures ; fœtus de 600 grammes. Placenta. de 250 grammes. Bronchite du côté droit. Meurt le 6e jour de congestion pulmonaire.

234. — Dess... Xpare. Existence d'un fibrome sous-muqueux Plaques eczémateuses sur le corps. Adéno-phlegmon de l'aisselle; incision, drainage, phlegmon identique du côté gauche. Rupture prématurée spontanée des membranes. Version, basiotripsie nécessitée par le fibrome, l'enfant était mort. Suites de couches fébriles, lochies fétides, frissons, écouvillonnage à la glycérine créosotée. Meurt le 12e jour.

Autopsie : Endocardite : fausses membranes dans toute la cavité abdominale, sphacèle du fibrome ; parois utérines recouvertes de fausses membranes grisâtres, fétides.

— Cha... Amenée de chez elle où elle a déjà eu plusieurs accès d'éclampsie. Nouveaux accès à la Maternité. Succombe le jour même, *non accouchée.*

Autopsie : Reins simplement congestionnés. Hémorrhagie ventriculaire et bulbaire.

460. — X... Amenée du dehors ayant eu 3 accès d'éclampsie. Nouveaux accès à la Maternité. Application de forceps. L'agitation augmente après l'accouchement ; saignée de 400 grammes. Injection de sérum, coma, mort.

Autopsie : Reins volumineux, blanchâtres, sauf les glomérules congestionnés. Hémorrhagies superficielles et profondes du foie. Poumon gauche atélectasié, adhérence pleurale.

372. — Chab... Entrée dans le service de médecine pour adénophlegmon. Passe dans le service pour accoucher. Accouchement normal. Est repassée à l'infirmerie ; ouverture de l'abcès. Elévation de température, vomissements. Coma, mort.

Autopsie : Périostite, méningite. Au centre du lobule du cervelet, tumeur plus grosse qu'une noix, de nature tuberculeuse.

453. — Sch... Avortement de 3 mois, provoqué au dehors. Arrivée à la Maternité dans un état grave, M. Boissard termine artifi-

ciellement l'avortement. Ecouvillonnage à la glycérine créosotée. Succombe le 2e jour d'infection.

Autopsie : Péritonite ; trompes distendues par un liquide purulent.

524. — S... L... Xpare. Souffre depuis 10 ans de maladie de cœur. Amaigrissement. Admise en médecine, passe dans le service pour accoucher : Dyspnée, asystolie ; inhalation d'oxygène. Extraction sous le chloroforme d'un enfant mort (siège) ; hémorrhagie de la délivrance, 3 tamponnements, injection d'ergotine, d'éther, de caféine, etc. Mort.

Autopsie : Rétrécissement et insuffisance mitrale ; déchirure du col utérin.

530. — Mar... Amenée à la Maternité pour éclampsie. Accouchement spontané. Nombreux accès. Meurt le jour même.

Autopsie : Congestion pulmonaire des 2 bases ; altération des reins ; face postérieure du cerveau congestionnée.

645. — Bonv... Ictère grave. Epistaxis violente. A son arrivée à la Maternité, régime lacté. Urine foncée, albuminurie, rachialgie. Avortement spontané à 5 mois. Etat général mauvais, téguments jaunes, pétéchies nombreuses aux membres inférieurs. Mort le jour même de l'avortement.

Autopsie : 300 grammes de liquide sanguinlent dans les plèvres ; petites végétations sur la valvule mitrale ; foie résistant, jaune pâle, 2.500 grammes.

— Mor... Enceinte de 5 mois. Température élevée, 39° à son entrée. Vomissements porracés. Laparotomie par M. Bouilly. Péritonite suppurée. Succombe le jour même de l'opération.

Autopsie : Pus jusqu'à la face inférieure du foie. Appendice sphacélé. L'œuf est entier, fœtus de 740 grammes.

799. — Lac... *Accouchée au dehors*. Arrive à la Maternité trois jours après, incomplètement délivrée, infectée. Evacuation de l'utérus, écouvillonnage, renouvelé trois jours plus tard. Succombe à l'infection le 18e jour.

1006. — Leb... *Accouchée et délivrée au dehors* depuis 12 jours. Infection. Ecouvillonnage ; débris placentaires. Meurt 4 jours après son entrée.

Autopsie : Infection puerpérale à forme septicémique. Adhérences au sommet gauche. Congestion hypostatique des deux bases ; foie et reins pâles et gros. Liquide louche dans le cul-de-sac de Douglas.

— Dan... Enceinte de 6 mois. Arrivée à la Maternité avec des prodromes d'éclampsie. Albumine. Accès éclamptiques. Meurt quelques heures après son entrée, *non accouchée*.

Autopsie : Congestion des 2 bases, reins congestionnés, dégénérescence épithéliale. Hémorrhagie du ventricule latéral gauche, surtout des noyaux gris intra-ventriculaires.

1458. — Par... Amenée dans le coma éclamptique. Plusieurs accès. Accouchement quelques heures plus tard, terme de 6 mois. Nouveaux accès. Mort.

1577. — All... Arrive à la Maternité, *accouchée* depuis une heure au dehors, dans la rue. Aspect hémorrhagique. Suites de couches : lochies fétides. Infection. Mort le 8e jour.

1812. — Moy... Arrive avec les membranes rompues, liquide fétide et verdâtre. Bassin rétréci. Albuminurie, anasarque. Dilatation artificielle du col ; basiotripsie. Enfant commençant à se macérer. Infection. Ecouvillonnage. Mort le 4e jour.

1739. — Ro... Accouchement spontané à 6 mois 1/2. Elévation de température (38° et 40°) pendant les suites de couches. Passée en médecine le 9e jour. Mort.

Autopsie : Broncho-pneumonie double ; tuberculose intestinale, péritonite purulente. Cavité utérine normale.

1787. — Accouchement normal. Caractère bizarre : Exaltation. Erythème dû au sublimé, dont elle est très frappée. Dans la nuit du 31 août au 1er septembre, véritable accès de folie. Accès pendant 3 jours, se jette par la fenêtre : fracture du crâne. Mort instantanée.

1846. — Mau... Arrive ayant perdu beaucoup de sang, albuminurique ; on diagnostique une hémorrhagie par décollement prématuré du placenta. Dilatation manuelle, basiotripsie sur enfant mort. Succombe exsangue.

1854. — Dop... Accouchée au dehors ; hémorrhagie avant la délivrance. Amenée non délivrée avec 40°,3 de température. Délivrance artificielle ; placenta fétide. Ecouvillonnage. Mort le jour même. Hémorrhagie et infection.

— Pau... Enceinte de 6 mois 1/2. Accès d'éclampsie au dehors. Amenée à la Maternité à 10 heures du matin, succombe à midi pendant une attaque, *non accouchée.*

— Dem... Enceinte de 5 mois 1/2, a été soignée pour maladie de cœur. Venue à la Maternité pour douleurs abdominales ; palpitation, dyspnée, pouls faible, incomptable, exopthalmie. Syncope mortelle la nuit suivante.

Autopsie : Cœur volumineux, très dilaté, adhérences péricardiques et pleurales, surcharge graisseuse du cœur. Orifice aortique légèrement rétréci. Foie muscade, reins congestionnés.

1968. — Cout... Arrivée avec membranes rompues depuis plus de 30 heures. Accouchement normal. Suites normales pendant 6 jours. Le 7e jour frisson, point douloureux dans le bas-ventre, hyperesthésie, ballonnement, diarrhée, vomissements ; accélération du pouls, T. 38°. Mort le 11e jour.

Autopsie : Perforation de l'appendice ; pus dans la cavité abdominale.

— Pell... Reçue pour diagnostic probable de grossesse extra-utérine, le 22 septembre. Vomissements les jours suivants. Le 15 octobre douleurs très vives, pâleur, syncope, mort avec des symptômes d'hémorrhagie.

Autopsie : Grossesse extra-utérine rompue.

1978. — Bail... A eu des frissons violents chez elle. Arrivée le 4 octobre, accouche le 6. Accouchement normal. Le 2e jour épistaxis très abondante, le soir 41° de température ; le lendemain, diarrhée ; le 5e jour, lochies fétides, délire, crise simulant une attaque d'hystérie. Mort le 12e jour. Température prise

30 minutes après la mort : 42°,4. Infection contractée au dehors avant l'accouchement.

1977. — Harr... rachitique ; bassin généralement rétréci ; diamètre promonto-sous-pubien de 9 cent. 1/4. Symphyséotomie. Le 9e jour, élévation de température, phlegmatia alba dolens. Le 16e jour, légère oppression, malaise, vomissements, palpitations violentes. Mort subite à la suite d'une syncope le 19e jour.

Autopsie : Dans le ventricule droit du cœur, on trouve un caillot blanchâtre se prolongeant à travers l'orifice pulmonaire et oblitérant complètement le calibre de l'artère pulmonaire. Il existe un peu de liquide louche dans l'espace interpubien.

2018. — Moul... Amenée de Michelet à la dilatation complète. Accouchement spontané le 12 octobre. Hémorrhagie de la délivrance due à une insertion vicieuse du placenta. Déchirure du périnée sur laquelle apparaissent des eschares. Le 5e jour, 38°. Curettage vulvaire pour enlever les fausses membranes, à deux reprises. Le 9e jour 40°, frisson, diarrhée. L'état s'aggrave, mort le 17e jour.

2223. — Roch... Amenée à la Maternité après perte très abondante de sang chez elle. La perte recommence à l'hôpital ; rupture des membranes, tamponnement. Quand la dilatation le permet, basiotripsie sur enfant mort. Malgré tous les efforts pour remonter la malade, elle meurt le soir même de son entrée à l'hôpital. Décollement prématuré du placenta.

2462. — Cou... Accouchée chez une sage-femme agréée, après avoir été vue à la Maternité où tout fut trouvé normal. Après l'accouchement, éclampsie, accès ininterrompus. Mort en arrivant à l'hôpital.

Autopsie : Poumon congestionné ayant l'aspect d'infarctus ; foie avec piqueté hémorrhagique. Rein présentant quelques points de dégénérescence épithéliale.

2460. — Lec... arrivée en travail, à terme. Albuminurie. Symptômes prémonitoires d'éclampsie. Entre l'accouchement et la délivrance, vomissements verdâtres qui persistent après la délivrance ; perte de sang continue malgré tous les moyens employés. Meurt le soir même.

Autopsie : Lobe droit du foie sclérosé ; taches ecchymotiques. Reins très malades.

793. — Ren... Accouchement normal d'un d'enfant vivant de 1.550 gr. Meurt en médecine de tuberculose pulmonaire.

922. — Lec... Vient du service de médecine pour accoucher. Accouchement normal le lendemain. Repassée en médecine, meurt 41 jours après son accouchement de tuberculose pulmonaire.

1087. — Amig... Cyphose lombaire. Présentation de la face. Enfant mort de 2.440 grammes. Dissociation du pouls et de la température pendant les suites de couches. Passée en médecine. Meurt 67 jours après l'accouchement de tuberculose pulmonaire.

1136. — X... Rupture prématurée des membranes au dehors. Entre à la Maternité et y accouche le jour même ; infection de l'œuf,

fœtus putréfié. Suites de couches fébriles. Morte le 12e jour.
Autopsie : Infection généralisée.

1508 — Roll... Entrée avec 39°. Accouchement d'un enfant de 7 mois du poids de 2.350 grammes. La température s'élève. Passée en médecine le 6e jour, elle y succombe de tuberculose pulmonaire.

En résumé, pendant l'année 1897, 37 femmes sont mortes, dont 5 sans être accouchées.

5 sont mortes de tuberculose.
1 — d'ulcère de l'estomac.
10 — d'éclampsie.
1 — de fibrome suppuré.
1 — de méningite.
2 — d'affection cardiaque.
1 — d'ictère grave.
2 — de péritonite suppurée. Appendicite.
1 — de fracture du crâne (suicide).
3 — d'hémorrhagie.
1 — de grossesse extra-utérine.
1 — de phlegmatia alba dolens (symphyséotomie).
1 — de cancer de l'utérus.
7 — d'infection.

Infection contractée au dehors : 5 = 0,19 %
— — dans le service : 2 = 0,07 %

ENFANTS

*Nombre d'enfants :* 2.470.

Nés à terme .................... 2.041
Avant terme .................... 429

*Nés vivants :* 2.254.

Nés à terme .................... 1.987
Avant terme .................... 267

*Morts pendant le travail ou quelques heures après ou macérés :* 216.

Macérés .................... 104
Morts pendant le travail ou quelques heures après .................... 112

*Mortalité pendant le travail :* 112

Causes de la mort.

34 faiblesse congénitale.
11 syphilis.
7 éclampsie.
12 procidence du cordon.
3 placenta prævia.
7 malformations.
4 morts avant l'entrée.

2 morts pendant le travail, infectés dans la cavité utérine avant d'entrer à l'hôpital.
4 lenteur du travail.
2 non ranimés dont 1 fracture du crâne par forceps au dehors.
3 basiotripsie sur enfants morts.
1 rigidité pathologique du col (chancre).
2 morts pendant l'extraction (version).
1 siège, tête retenue (arrivée à la Maternité tronc au dehors).
19 morts de cause inconnue.

*Morts après la naissance* : 23 = 1,02 %.
Causes de la mort.

6 faiblesse congénitale.
3 syphilis.
1 infection.
1 broncho-pneumonie.
1 syphilitique, coryza, conjonctivite.
1 pleuro-pneumonie.
1 exomphalie, a été opéré.
1 convulsions.
1 hydrocéphalie secondaire.
1 otite suppurée.
1 rétrécissement de l'intestin. Vomissements fécaloïdes.
1 ictère.
1 emporté en nourrice. Mort pendant le trajet.
1 cause inconnue.
1 hernie diaphragmatique. Inversion splanchnique.
1 tumeur du rein droit.

*Vices de conformation :*

N° 330. Exomphalie.
375. Hydrocéphalie.
391. Hydrocéphalie. Pied bot. Hypospadias.
450. Imperforation du rectum. Opéré.
840. Hernie diaphragmatique. Inversion splanchnique.
871. Hydrocéphalie. Division de la lèvre supérieure.
1122. Pseudencéphale.
4 pseudencéphales.
1 hernie inguinale droite.
1 rétrécissement de l'S iliaque.

*Morbidité* 5 : 4 cas de muguet; 1 broncho-pneumonie le 8e jour.
*Conjonctivites* 23.

Total.. 28 = 1,13 %.

---

**Année 1898** (Janvier et Février).

*Nombre des accouchements et des avortements* : 459.

Simples .................................. 434
Gémellaires .................................. 3

| | |
|---|---|
| Avortements | 22 |
| *Total des enfants* | 440 |

*Présentations :*

| | |
|---|---|
| Sommet | 415 |
| Face | 4 |
| Siège (complet, 10; fesses, 2; pieds, 1) | 13 |
| Epaule | 8 |

*Dystocie maternelle :*

Bassins rétrécis, 17.

| | |
|---|---|
| De 10,5 et plus de promonto sous-pubien | 14 |
| De 10,5 à 9 | 3 |
| Hémorrhagies (dont 3 par insertion vicieuse) | 5 |
| Eclampsie | 5 |
| Utérus, col, corps [dont 1 rupture] | 2 |

*Dystocie de la délivrance :*

| | |
|---|---|
| Hémorrhagies | 5 |
| Délivrance artificielle | 6 |

*Dystocie fœtale :*

| | |
|---|---|
| Hydrocéphalie | 1 |
| Procidence cordon | 6 |
| Procidence du membre | 4 |
| Latérocidence du cordon | 1 |
| Hydramnios | 9 |

*Opérations :*

| | |
|---|---|
| Forceps | 17 |
| Version | 9 |
| Embryotomie. Basiotripsie | 6 |
| Symphyséotomie | 1 |
| Accouchement provoqué | 2 |
| Tamponnement | 7 |

*Grossesse pathologique :*

| | |
|---|---|
| Vomissements incoercibles | 1 |
| Syphilis | 10 |

*Nombre d'accouchements* : 417.

| | | | |
|---|---|---|---|
| *Morbidité* totale | 52 | = | 11,3 % |
| — par infection | 36 | = | 7,84 |
| Dont 24 contractées au dehors. | | = | 5,2 % |
| *Mortalité* totale | 8 | = | 1,9 % |
| — par infection | 2 | = | 0,47 % |
| Dont 0 contracté dans le service. | | | |

Causes des décès :

N° 60. — Bout... Amenée d'un service de médecine de l'hôpital Necker, atteinte de dyspnée intense. Entre en travail 9 jours après. Extraction d'un enfant vivant par application de forceps, succombe 4 heures après l'accouchement. Insuffisance mitrale.

95. — Pouz... 12 accès d'éclampsie au dehors. Albuminurie intense. Accès répétés à l'hôpital, application de forceps à la dilatation complète. Extraction d'un enfant mort. Succombe le jour même. A l'autopsie : congestion des deux poumons, altérations du foie.

132. — Lac... Accouchement spontané en présentation du sommet une demi-heure après son entrée. Délivrance naturelle. Prise aussitôt après son accouchement de phénomènes syncopaux, faciès grippé. Température à son entrée : 39°; pouls : 140. Les jours qui suivent l'accouchement, l'état s'aggrave, le faciès est décoloré ainsi que les muqueuses. L'examen du sang pratiqué quelques jours après, montre que l'on a affaire à une altération du sang : anémie pernicieuse.

170. — Avortement incomplet au dehors le 18 janvier ; en présence du second temps qui ne s'effectue pas, la malade se présente à la Maternité le 23 janvier. Elévation de température à son entrée, extraction immédiate des annexes. La température persiste ; atteinte de pleurésie, son transfert en médecine a lieu le 4 mars, elle succombe rapidement.

Autopsie. Pleurésie probablement d'origine infectieuse.

215. — Cher... Femme suivie au dehors. Avortement incomplet de 3 mois qui a lieu chez elle. Dyspnée intense. Urines en très petite quantité et très foncées. Saignée. Succombe 2 heures après son entrée. Urémie.

— Dériv... Présentation de l'épaule méconnue, prise pour une présentation du siège. Tentatives infructueuses d'extraction par une sage-femme, puis par un médecin. A son entrée, les organes sont le siège d'œdème et d'eschares. Mauvais état général, pouls extrêmement fréquent. La dilatation étant complète, embryotomie, suites de couches fébriles. Mort le 7e jour d'infection et d'une hémorrhagie résultant de la chute d'eschares.

393. — Avortement incomplet au dehors, délivrée à son entrée à la Maternité le 19 février. Elle a de l'élévation de température le soir même, et les jours suivants ; écouvillonnage et drainage de la cavité utérine. Complications cardiaques, succombe le 21 mars.

Autopsie. Lésions cardiaques anciennes dues au rhumatisme articulaire, endocardite récente au-dessus de la sigmoïde interne de l'aorte, orifice large comme deux doigts, donnant accès dans une poche qui siège entre l'aorte et l'artère pulmonaire.

441. — Femme atteinte de tuberculose pulmonaire, hospitalisée dans le service de médecine de la Maternité. Application de forceps, enfant vivant (25 février). Transférée le 11e jour dans le service de médecine, elle succombe quelques jours après. Tuberculose pulmonaire.

En résumé, pendant les mois de janvier et février 1898, 8 femmes sont mortes dont :

**2 de lésion mitrale.**
**1 d'éclampsie.**

1 d'urémie.
1 d'anémie pernicieuse.
2 d'infection contractée au dehors.
1 Tuberculose pulmonaire.

### Année 1898

ENFANTS

*Nombre d'enfants* : 440.

| | |
|---|---|
| Nés à terme | 367 |
| Nés avant terme | 34 |
| Nés vivants | 401 |
| Morts pendant le travail ou quelques heures après ou macérés | 39 |

*Mortalité pendant le travail* : 20 = 4.7 %.
Causes de la mort :

| | |
|---|---|
| Faiblesse congénitale | 6 |
| Hémorrhagie rétro-placentaire | 1 |
| Contracture de l'utérus | 1 |
| Eclampsie | 1 |
| Evolution spontanée | 1 |
| Rigidité du col | 1 |
| Hydrocéphalie | 1 |
| Latérocidence du cordon méconnue | 1 |
| Syphilis | 1 |
| Pendant l'extraction dans un bassin rétréci | 1 |
| Morts avant l'entrée | 4 |
| Embryotomie | 1 |

*Mortalité après la naissance* : 8 = 1,9 %.
Cause des décès :

N° 19. Pemphigus.
173. Evolution spontanée. Broncho-pneumonie, 3e jour.
278. Jumeau. Reins pathologiques pesant chacun 92 gr.
319. Enfant de 1.150 grammes. Faiblesse congénitale.
364. Coryza syphilitique.
417. Pemphigus généralisé.
389. Faiblesse congénitale.
437. Procidence du cordon dans un bassin rétréci. Version.

*Enfants restés vivants* : 393.
*Vices de conformation* :

N° 142. Hydrocépalie.
146. 6 orteils au pied gauche.
240. Hydrocéphalie. Hypospadias.
278. Reins polykystiques (92 grammes).

*Ophthalmies* : Conjonctivite des deux yeux (guérison) N° 208 = 0,2 %.
*Morbidité* :

N° 89. Lymphangite péri-ombilicale.
240. Né en état de mort apparente. N'a jamais crié. Convulsions. Légère hydrocéphalie.

291. Double céphalæmatome.
350. Syphilitique.
381. Céphalæmatome double.

*Morbidité totale* (y compris les conjonctivites) : 6 = 1,4 %.

Aux renseignements qui précèdent, nous ajouterons les suivants relatifs :

A. — Au nombre des femmes qai se présentent à la Maternité pour y être examinées ;

B. — Au nombre des femmes qui ont été envoyées chez les sages-femmes agréées ;

C. — Au nombre des femmes apportées du dehors infectées, que ces femmes aient été en travail d'avortement ou d'accouchement à terme.

A. — En 1896 : 7.277 femmes,
En 1897 : 8.464 femmes,
En janvier et en février 1898 : 1.565 femmes se sont présentées à la Maternité, soit pour y être admises, soit pour demander un conseil médical.

B. — Voici le nombre des femmes en travail, ne devant présenter rien d'anormal pour leur accouchement, qui ont été envoyées de la Maternité, chez les sages-femmes agréées, c'est-à-dire chez les sages-femmes externes attachées à cet hôpital.

| | | | |
|---|---|---|---|
| En 1895 : | 1.302 femmes.......... | 1 | décès constaté. |
| 1896 : | 1.068 — .......... | 3 | — |
| 1897 : | 1.270 — .......... | 1 | — |
| Janvier et février 1898 : | 233 — .......... | 0 | — |
| Total....... | 3.873 — .......... | 5 | — |

C. — Un certain nombre de femmes en travail d'accouchement ou d'avortement sont apportées infectées de la ville ou des environs de Paris ; nous les avons toutes reçues ; nous en avons même admis qui étaient déjà accouchées. Voici le nombre de ces femmes :

| | |
|---|---|
| En 1895 (2e semestre seulement).............. | 19 |
| 1896 (toute l'année)........................ | 39 |
| 1897 — ........................ | 59 |
| 1898 (janvier et février)................... | 12 |

Si quelques-unes de ces femmes ont succombé malgré nos soins (2 en 1895, 6 en 1896, 5 en 1897, 1 en 1898), il suffit de comparer le nombre des décès avec celui des femmes apportées malades pour avoir le total de celles qui ont pu être sauvées.

PARIS. — IMPRIMERIE F. LEVÉ, RUE CASSETTE, 17.

www.ingramcontent.com/pod-product-compliance
Ingram Content Group UK Ltd.
Pitfield, Milton Keynes, MK11 3LW, UK
UKHW022149260726
13993UKWH00005B/2254